BEI GRIN MACHT SICH IHR WISSEN BEZAHLT

- Wir veröffentlichen Ihre Hausarbeit,
  Bachelor- und Masterarbeit

- Ihr eigenes eBook und Buch -
  weltweit in allen wichtigen Shops

- Verdienen Sie an jedem Verkauf

Jetzt bei www.GRIN.com hochladen
und kostenlos publizieren

Impressum:

Copyright © 2014 GRIN Verlag, Open Publishing GmbH
Druck und Bindung: Books on Demand GmbH, Norderstedt Germany
ISBN: 978-3-668-23587-8

Dieses Buch bei GRIN:

http://www.grin.com/de/e-book/320390/praktikumsbericht-zur-hydromechanik-
pumpversuch-und-versickerungsversuche

Daniel Slowik

Praktikumsbericht zur Hydromechanik. Pumpversuch und Versickerungsversuche am Ewaldsee

GRIN Verlag

Praktikumsbericht

Geländeübung WS 2014/15	**Hydromechanik**
Thematik	**Bestimmung der hydrodynamischen Durchlässigkeiten**
Praktikumsort	**Ewaldsee; Gelsenkirchen / Herten**
Datum	**25.10.2014**
Name des Protokollanten	**Daniel Slowik**

Inhaltsverzeichnis

1. Einführung	1
2. Versuchsaufbau, Geräte und Versuchsdurchführung	2
2.1 – Kurzpumpversuch	2
2.2 – Schurfgrube	3
2.3 – Doppelringinfiltrometer	5
3. Ergebnisse	6
3.1 – Kurzpumpversuch	6
3.2 – Schurfversickerung	8
3.3 – Doppelringinfiltrometer	9
4. Interpretation	10
4.1 – Kurzpumpversuch	10
4.2 – Schurfversickerung	11
4.3 – Doppelringinfiltrometer	11
5. Anhang	13
6. Abbildungsverzeichnis	18
7. Tabellenverzeichnis	19

1. Einführung

Die Bestimmung der Durchlässigkeiten von Böden und Gesteinen kann im Gelände mit verschiedenen Methoden bestimmt werden. Mit Hilfe von Grundwassermessstellen und eines Pumpversuches kann der Absenktrichter und somit die Reaktion des Grundwasserleiters auf die Systemänderung ermittelt werden. Hieraus lassen sich über Berechnungen die Durchlässigkeiten im Grundwasserleiter bestimmen.

Kleinräumig kann die Infiltrabilität des anstehenden Materials über Versickerungsversuche bestimmt werden, die wiederum Rückschlüsse auf die Durchlässigkeiten im Grundwasserleiter zulassen. Exemplarisch wurden Versuche mit einem Doppelringinfiltrometer, sowie einer Schürfgrube durchgeführt. Ziel war die Vermittlung von Kenntnissen über die Versuchsdurchführungen mit anschließender Datenauswertung.

Als Versuchsort wurden hierbei die Grundwassermessstellen und das Gelände, am und um den Ewaldsee, in Gelsenkirchen gewählt (siehe Abb. 1.1).

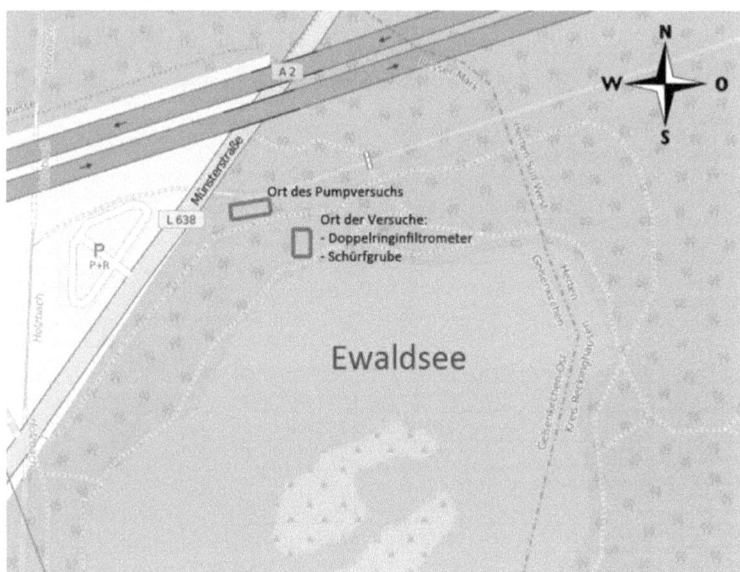

Abb. 1.1: Übersicht des Versuchsgebietes / *Quelle: www.openstreetmap.org (Eigene Darstellung und Bearbeitung)*

2. Versuchsaufbau, Geräte und Versuchsdurchführung

Im Folgenden werden die verwendeten Geräte und Verfahren beschrieben. Anschließend erfolgt die Beschreibung der Versuchsdurchführung.

2.1 – Kurzpumpversuch

Für den Kurzpumpversuch werden mehrere Grundwassermessstellen (GWM) oder Brunnen benötigt, die sowohl im gleichen Grundwasserleiter ausgebaut sind, als auch in geringer Distanz zueinander liegen, um die Reaktion des Grundwasserleiters (Absenktrichter) auf die Versuchsdurchführung erfassen zu können. In einer GWM wird der Wasserspiegel mit Hilfe einer Tauchpumpe abgesenkt (GWM1). An die Pumpe muss in der Lage sein eine konstante Förderleistung aufrecht zu erhalten und diese Stufenweise einregeln zu können. Idealerweise kann die Pumpe an eine Pumpensteuerung angeschlossen werden, die die jeweils aktuelle Fördermenge aufzeichnet. Da diese Steuerung zum Zeitpunkt des Praktikums defekt war, musste auf das Verfahren der „Auslitterung" zurückgegriffen werden, um die Fördermenge zu erfassen. Hierzu wird ein Gefäß mit bekanntem Volumen mit dem geförderten Wasser befüllt und die Zeit erfasst, die hierzu benötigt wird. Dieser Vorgang wird mehrfach Wiederholt, um einen repräsentativen Durchschnittswert zu erhalten.

Vor Versuchsbeginn sind zwingend folgende Parameter zu erheben:

- Ruhewasserspiegel
- Abstich (Wasserstand bezogen auf die Rohroberkante der GWM)
- Tiefe der GWM
- Distanz der GWM zueinander

Tabelle 2.1: Vor Versuchsbeginn erhobene Parameter zur Versuchsauswertung / *Quelle: Eigene Bearbeitung*

Parameter	GWM 1	GWM 2
Bezeichnung	2439446	2439447
Distanz zum Brunnen (r) [cm]	10	110
Mächtigkeit des Grundwasserleiters (h) [cm]	900	900
Ruhewasserspiegel/Abstich [cm]	112	113

Hierzu wird die Distanz der Messstelle zum Pumpenstandort virtuell auf 10 cm gesetzt.

Mit Versuchsbeginn sind die Wasserstände in den GWM sehr engmaschig zu erfassen. Im Idealfall stehen hierzu Drucksonden mit intrigiertem Datenlogger zur Verfügung, da diese in der Lage sind präzise die

Wasserstände in sehr kurzen Zeitintervallen zu erfassen. Da lediglich eine Drucksonde zur Verfügung stand, wurde die Wasserstandsänderung in der zweiten GWM (GWM2) mit Hilfe von Lichtloten erfasst.

Nach Erreichen eines „quasi"-stationären Zustandes, bei dem die Wasserstandsänderungen in der GWM2 je Zeiteinheit vernachlässigbar bzw. nicht mehr vorhanden sind, wird die Pumpe abgestellt und der Wiederanstieg des Grundwassers erfasst. Bei einem Langzeitpumpversuch wäre an dieser Stelle die Förderleistung der Pumpe erhöht und die Reaktion des Grundwasserleiters bis zur Einstellung eines weiteren „quasi"-stationären Zustandes dokumentiert worden. Dieser Vorgang müsste mindestens dreimal wiederholt werden. Erst an die mehrfache Leistungserhöhung wäre hier der Wiederanstieg zugelassen worden.

Der Versuch wäre in beiden Fällen beendet, wenn der Wiederanstieg des Grundwassers den Ausgangszustand/Ruhewasserspiegel wieder erreicht hätte und keine Wasserstandsänderungen mehr registriert würden. Da das Praktikumsziel durch die Vermittlung der Versuchsdurchführung bereits erreicht und für den vollständige Wiederanstieg mit einer sehr langen Zeitspanne zu rechnen war, wurde der Versuch nach Erreichen eines akzeptablen Wertes beendet.

2.2 – Schurfgrube

Der Versickerungsversuch mit einer Schurfgrube ist mit sehr geringem Aufwand zu betreiben, da wenige Materialien benötigt werden. Die Grube wird mit Hilfe von Spaten und Schaufel ausgehoben und durch einen Zollstock oder Maßband vermessen (Höhe, Tiefe, Breite). Hierbei ist zu beachten, dass die Grube den gewachsenen Boden erreicht und eine möglichst ebene Unterfläche aufweist, da der humose Oberboden deutlich höhere Durchlässigkeiten aufweist und aufgrund seiner i.d.R. geringen Mächtigkeit nicht repräsentativ für das Gesamtsystem ist. Aufgrund der lokalen Situation war im vorliegenden Fall jedoch eine Einbringung der Schurfgrube bis zum gewachsenen Boden nicht möglich, so dass der Versuch untypischer Weise im humosen Oberboden stattfinden musste (vgl. Abb.).

Die Schurfgrube wurde mit einer Länge von 60 cm und einer Breite von 60 cm ausgehoben, so dass sich hieraus eine Grundfläche von 3600 cm² bzw. 0,36 m² ergab.

Abb. 2.1: Schürfgrube / *Quelle: eigene Aufnahme*

Anschließend wird die Grube auf eine zuvor festgelegte Höhe mit Wasser befüllt (Einmessung mit Zollstock / Maßband bzw. Schwimmer) und in regelmäßigen Abständen der Wasserstand gemessen (instationärer Versuch). Eine weitere, hier nicht durchgeführte Versuchsdurchführung ist die stationäre Versickerung. Im stationären Versuchsaufbau wird der Wasserstand konstant gehalten (Nachfüllen des Wassers mit Messbechern) und die Wassermenge gemessen, die zur Aufrechterhaltung des konstanten Wasserspiegels benötigt wird.

Der Versickerungsversuch in Schurfgruben ist aufgrund der auftretenden Fehlerquellen in ihrer Aussagekraft beschränkt, so dass in der Praxis i.d.R. aufwändigere Versuche mit größeren Genauigkeiten zur Bestimmung der Durchlässigkeit durchgeführt werden. Als größte Fehlerquelle können hier die „ungeschützten" Seitenwände der Schürfgrube angesehen werden (Randeffekt), da hier das Wasser ebenfalls in die Bodenzone infiltrieren kann und hier die Mächtigkeit der durchsickerten Schicht nicht bekannt ist. Als weitere bedeutende Fehlerquelle können präferenzielle Fließwege durch z.B. Wurzelgänge oder Bioturbation angesehen werden. Diese Fehlerquelle tritt jedoch ebenfalls bei den übrigen betrachteten Sickerversuchen auf, so dass diese nicht als Spezifikum für die Schürfgrube angesehen werden kann.

Der Versickerungsversuch mittels Doppelringinfiltrometer benötigt zwei Metallringe mit bekanntem Durchmesser bzw. bekannter Fläche, eine Einschlaghilfe, sowie einen Schwimmer mit einer Höhenskala zur Erfassung der Höhendifferenz.

Zur Versuchsvorbereitung wird der Oberboden analog zum Schurfgrubenversuch vorbereitet (Abtragen des humosen Oberbodens bis zum gewachsenen Boden und Einebnen der Versuchsfläche). Anschließend werden die Infiltrometerringe mit der Schlagseite (Scharfkantig geschliffene Kante zur Vereinfachung des Einschlagens) nach unten auf die vorbereitete Fläche aufgebracht und mit Hilfe einer Einschlaghilfe in den Boden getrieben. Hierbei ist die Eindringtiefe zu dokumentieren, da sie von Bedeutung bei der Auswertung ist. Aus der Differenz der Ringhöhe (25,5 cm) und der verbleibenden Ringhöhe nach dem Einbringen (20,25 cm), ergibt sich eine Eindringtiefe von 5,25 cm.

Die Einschlaghilfe ist ein kreuzförmiges Element, dass das gleichmäßige Eintreiben der Infiltrometerringe ermöglicht, sowie ein Verschieben der Ringe gegeneinander verhindern soll, um gleichmäßige Abstände des inneren Ringes um äußeren Ring zu gewährleisten. Die Ausrichtung der eingetriebenen Ringe sollte zudem mit einer Wasserwaage kontrolliert werden. Aufgrund der lokalen Gegebenheiten war ein Einbringen der Infiltrometerringe in den gewachsenen Boden nicht möglich, so dass auch bei dieser Versuchsdurchführung in den humosen Oberboden infiltriert werden musste. Auch war ein Ausrichten mittels Wasserwaage nicht möglich.

Die Versuchsdurchführung kann ebenso wie der Schürgrubenversuch unter stationären und instationären Bedingungen durchgeführt werden. Bei der stationären, hier nicht durchgeführten Versuchsanordnung, werden die Infiltrometerringe mit Wasser auf einen zuvor festgelegten Wasserstand befüllt und anschließend der Wasserstand des inneren Ringes konstant gehalten. Dabei wird die zugeführte Wassermenge je Zeiteinheit dokumentiert.

Bei der hier gewählten, instationären Versuchsanordung wird der Wasserstand des inneren Infiltrometerrings gegen die Zeit dokumentiert und mindestens so lange gemessen, wie die Änderungen je Zeiteinheit keinen konstanten Wert annehmen. Die Gesamtdauer des Versuches betrug in diesem Falle 20 Minuten.

In beiden Fällen ist auf den Füllstand des äußeren Ringes zu achten und dieser wird bei Bedarf aufgefüllt.

Der äußere Ring dient als „Schutzfront" der Versickerung, so dass gewährleistet ist, dass die Infiltration des inneren Rings ausschließlich eine vertikale Komponente aufweist und nicht zusätzliche horizontale Komponenten den Fließweg verlängern. Dieser Versuch sollte zudem im Idealfall mehrfach wiederholt werden, um eine Infiltration in die gesättigte und nicht in die ungesättigte Bodenzone zu gewährleisten. Durch die mehrfache Wiederholung wird die Bodenluft möglichst vollständig unterhalb der Versuchsanordnung verdrängt, sodass diese die Infiltration nicht weiter behindern bzw. verzögern. Die

Gaskomponente des Porenraumes gilt als ein beträchtlicher, zeitverzögernder Faktor bei der Infiltration. Ziel des Geländepraktikums war die Vermittlung der Versuchsdurchführungen und der dabei enthaltenen kritischen Punkte, so dass auf eine mehrfache Wiederholung des Versuches verzichtet werden konnte.

3. Ergebnisse

3.1 – Kurzpumpversuch

Beim Kurzpumpversuch wurde das Absenken des Grundwasserspiegels innerhalb des Grundwasserleiters gegen die Zeit gemessen. Die Messungen beim Absenken erstrecken sich über einen Zeitraum von 2 Stunden und 47 Minuten, während sich die Messungen, nach dem Abschalten der Pumpe, über einen Zeitraum von 55 Minuten erstrecken.

Wie zu erwarten zeigt die Messung einen annähernd linearen Verlauf an bei dem der Wasserspiegel mit fortlaufender Zeit absinkt. Kleinere Sprünge innerhalb der Messungen gehen auf die Veränderungen der Pumpleistung und folglich auf die Veränderung der entnommenen Wassermenge pro Zeiteinheit zurück. Für die ersten 30 Minuten wurde nach jeder Minute eine Messung vorgenommen. Stabilisiert sich allmählich die Absinkrate, so wurden die Zeitintervalle auf 5 Minuten, und schlussletztlich auf 15 Minuten, erhöht. Die stetige Verringerung der Absinkrate, wirkt dem erhöhen der Zeitintervalle entgegen und schadet der Gesamtauflösung der Messreihe nur geringfügig. Nach Ablauf der 2 Stunden und 47 Minuten ist der Wasserspiegel um 1,40 m auf 2,53 m abgesunken. Während dieses Zeitabschnitts wurde die Pumpleistung variiert, welches direkten Einfluss auf das entnommene Wasservolumen pro Sekunde hatte. Die entsprechenden Werte sind der Tabelle 5.1 zu entnehmen.

Im zweiten Schritt wurde die Pumpe ausgeschaltet, welches das weitere Absinken des Wasserspiegels verhindert und zum Wiederanstieg Dieses führt. Für den 55 Minütigen Zeitraum wurden die Intervalle gegen Ende der Zeit, ebenfalls von 1 Minute auf 5 Minuten erhöht. Dabei gilt anzumerken, dass das Lichtlot zu einem Zeitpunkt nicht richtig funktionierte und als Folge dessen einige fehlerhafte Werte gemessen wurden. Indiziert sind diese durch einen sprunghaften Anstieg des Wasserspiegels und einige Minuten später durch entgegen laufenden Werten. Respektive sind diese Ergebnisse nicht Teil des Diagrammes. Durch den Austausch des Messinstrumentes können die nachfolgenden Werte als glaubhaft angenommen werden. Die entsprechenden Werte befinden sich in der Tabelle 5.2.

Gekennzeichnet ist der Rücklauf des Wassers, durch einen zu Beginn raschen Anstieg des Wasserspiegels, welcher sich nach und nach auf einem kleineren Niveau einpendelt. Nach Ablauf von 55 Minuten lag der Wasserspiegel bei 1,42 m und damit rund 29 cm unterhalb des Basiswertes.

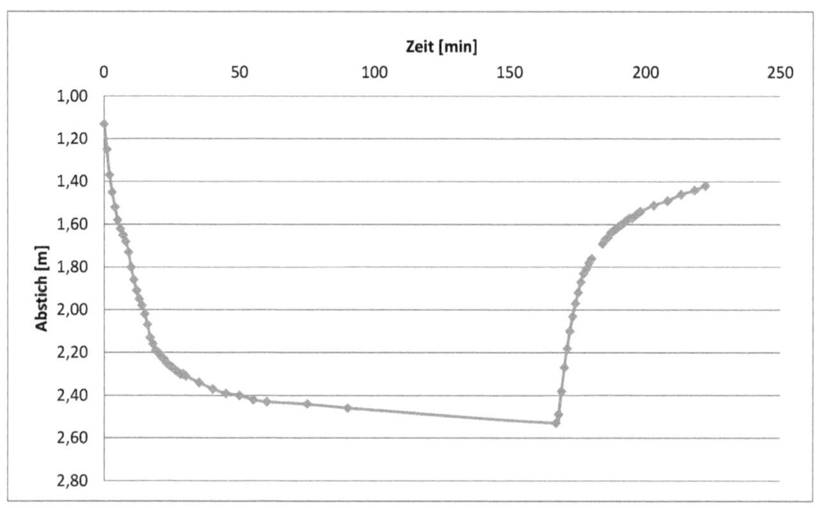

Abb. 3.1: Verlauf der Abstichswerte gegen die Zeit / *Quelle: Eigene Darstellung*

Nach dem Verfahren von Dupuit und Thiem wird hier die Transmissivität T_{GW} nach folgender Formel berechnet:

$$T_{GW} = \frac{\dot{V}}{2 * \pi * \Delta h_s} * \ln\left(\frac{r_2}{r_1}\right)$$

T_{GW} Transmissivität [m²/s]

$\dot{V}$ Entnahmerate [m³/s] = Mittelwert aller Entnahmeraten = 2,58 m³/h

Δh_s Absenkungsdifferenz [m] = 1,4 m

r_1, r_2 Abstände zum Entnahmebrunnen [m] = 0,1 m & 1,1 m

$$T_{GW} = \frac{2,58\ m^3/h}{2 * \pi * 1,4\ m} * \ln\left(\frac{1,1\ m}{0,1\ m}\right) * \frac{1\ h}{3600\ s} = 1,95 * 10^{-4}\ m^2/s$$

Hieraus lässt sich der Durchlässigkeitsbeiwert k_f nach folgender Formel errechnen:

$$k_f = \frac{T_{GW}}{h_m}$$

h_m Grundwassermächtigkeit = 9 m

$$k_f = \frac{1,95 * 10^{-4} \; m^2/s}{9 \; m} = 2,17 * 10^{-5} \; m/s$$

Zusätzlich lässt sich noch, mit Hilfe des Durchlässigkeitbeiwertes, die Reichweite R nach Sichardt und Kussakin berechnen.

Nach Sichardt: $R = 3000 * h_s * \sqrt{k_f} = 19,56 \; m$

Nach Kussakin: $R = 588 * h_s * \sqrt{k_f * h_m} = 11,50 \; m$

3.2 – Schurfversickerung

Bei diesem Versuch wurde zunächst eine Schurfgrube mit festgelegten Maßen gegraben, welche in diesem Falle 60 cm mal 60 cm betrugen. Daraus ergibt sich die Versickerungsfläche von 3.600 cm². Wie auch bei der Doppelringinfiltration, so gilt auch hier die Tatsache, dass nicht auf dem Mutterboden infiltriert wird, als Fehlerquelle. Gleichzeitig sind die Seiten der Schurfgrube eine weitere Fehlerquelle, durch den großen Randeffekt bei der Infiltration des Wassers in die Seitenwände. Gemessen wurde auch hier der Abfall des Wasserspiegels (WS) gegen die Zeit. Der Wasserspiegel lag zu Beginn der Messreihe bei 17,0 cm. Der Wasserstand wurde anschließend alle 30 Sekunden, für die nächsten 5 Minuten, gemessen. Anders als bei der Doppelringinfiltration, wurde in diesem Falle das Zeitintervall, zwischen den Messungen im weiteren Verlauf, von 30 Sekunden auf 1 Minute verändert. Am Ende der Messreihe lag der Wasserstand bei 10,2 cm und damit 6,8 cm niedriger als zu Beginn der Messung. Die Messreihe dauerte 20 Minuten. Die Menge an Wasser die in den Boden infiltriert ist dem Diagrammverlauf nach zwar stetig, aber nicht konstant gleich. Die genauen Werte finden sich in der Tabelle 5.3.

Formel für den Durchlässigkeitsbeiwert (k_f-Wert) in [m/s]: $k_f = \dfrac{2*Q*S}{L*B*(S+h)}$

Q   = Schüttung → 60 cm*60 cm*17 cm = 61200 cm³ = 0,0612 m³ = $5,1*10^{-5}$ m³/s
S   = Abstand zum Grundwasserspiegel   → 1,13 m – 0,17 m = 0,96 m
L   = Länge des Schurfes → 60 cm = 0,6 m
B   = Breite des Schurfes → 60 cm = 0,6 m
h   = Wassersäule im Schurf → 17 cm = 0,17 m
t   = Versuchszeit → 20 min. = 1200 s

$$k_f = \frac{2 * 5{,}1 * 10^{-5} m^3/s * 0{,}96\ m}{0{,}6m * 0{,}6m * (0{,}96m + 0{,}17m)} = 2{,}41 * 10^{-4} m/s$$

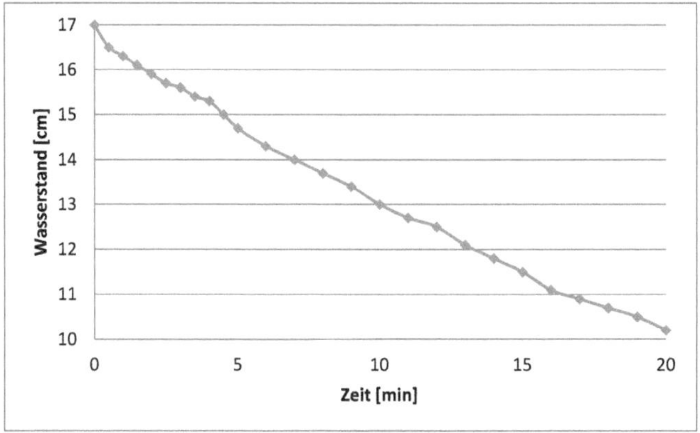

Abb. 3.2: Verlauf des Wasserstandes in der Schürfgrube gegen die Zeit / *Quelle: Eigene Darstellung*

3.3 – Doppelringinfiltrometer

Beim Doppelringinfiltrometer wurde ebenfalls eine Veränderung des Wasserstandes gegen die Zeit gemessen. Anders als beim Pumpversuch wird hierbei nicht der Grundwasserspiegel, sondern ein gesetzter Wasserspiegel, gemessen. Dieser wurde zuvor, durch das Hinzuschütten von Wasser festgelegt und folglich wurde die Infiltration des Wassers, in dem Boden des Innenringraumes gemessen. Als Fehlerquelle gilt vorab bereits die Tatsache, dass nicht bis zum Mutterboden gegraben wurde, sondern der Versuch auf humosem Boden durchgeführt wurde, welcher eine höhere Durchlässigkeit besitzt und von Organik durchzogen ist.

Bei der Ausgangsmessung lag der Wasserspiegel (WS) 2,5 cm unterhalb der Ringoberkante. Die Messungen wurden in einem Zeitintervall von 30 Sekunden durchgeführt. Nachdem sich der Abfall des WS konstant um die gleiche Zeiteinheit verändert hat, wurde lediglich noch eine Abschlussmessung durchgeführt. So entsteht eine relativ hohe Auflösung der Wasserspiegelveränderung innerhalb der ersten 10,5 Minuten und ein Vergleichswert, am Ende der Messung, etwa weitere 9,5 Minuten später. Der Messzeitraum beläuft sich damit auf 20 Minuten. Der Grafik ist zu entnehmen, dass die Infiltration im nicht gemessenen Zeitraum stetig langsamer wurde. Dies ist durch das Abflachen der Kurve gekennzeichnet bzw. durch eine Kurvenbildung. Der Wasserstand lag am Ende der Messreihe 10,1 cm unterhalb der Ringoberkante und damit 7,6 cm tiefer als zu Beginn der Messungen. Die genauen Messungen sind der Tabelle 5.4 zu entnehmen.

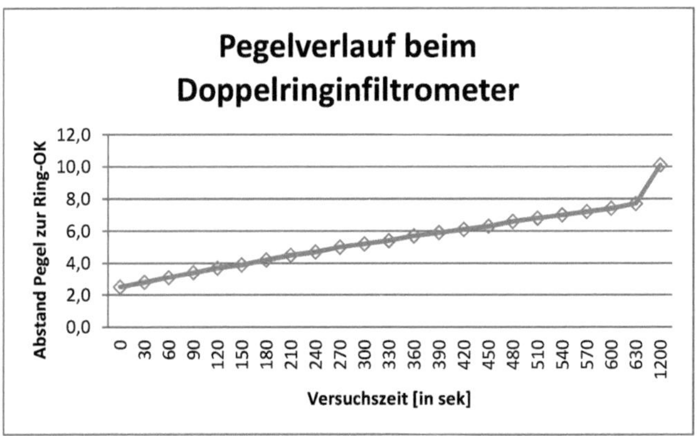

Abb. 3.3: Pegelverlauf beim Doppelringinfiltrometer / *Quelle: Eigene Darstellung*

Nach folgender Formel lässt sich der Durchlässigkeitsbeiwert k_f berechnen:

$$k_f = \frac{L}{\Delta t} * ln\left(\frac{h_0}{h_t}\right) = 2,45 * 10^{-5} \, m/s$$

L   Einbautiefe [m] = 0,0525 m
Δt Versuchszeit [s] = 1200 s
h_0 Wasserstand bei Versuchsbeginn [m] = 0,1775 m
h_t Wasserstand bei Versuchsende [m] = 0,1015 m

4. Interpretation

4.1 – Kurzpumpversuch

Beim Kurzpumpversuch wurde Grundwasser via eines Pumpmechanismus herausgepumpt und die direkte Auswirkung an einer benachbarten Messstelle gemessen. Üblicherweise wird der Versuch an einem sogenannten Brunnen durchgeführt und an mindestens zwei Grundwassermessstellen gemessen. In unserem Fall fungierte die Grundwassermessstelle 1 jedoch als Brunnen und die direkte Grundwasserbewegung wurde lediglich an der Grundwassermessstelle 2 gemessen. Beim abpumpen des Wassers wurde die Pumpleistung variiert, welches sich direkt auf die Entnahmerate auswirkte. Für die

Berechnung der Transmissivität, wurde folglich das arithmetische Mittel der Entnahmeraten gewählt. Aus der Transmissivität und der zu Beginn gemessenen Grundwassermächtigkeit, ließ sich der Durchlässigkeitsbeiwert von $2,17*10^{-5}\ m/s$ errechnen. Nach der DIN 18130-1 spricht dies für einen durchlässigen Boden. Zudem ließ sich die Reichweite R mit Hilfe des Durchlässigkeitsbeiwertes berechnen, welche sich auf 19,56 m beläuft. Bei diesem Versuch spielen einige Faktoren eine wesentliche Rolle, was die Aussagekraft der Ergebnisse anbelangt. So ist das zurückgreifen auf die Auslitterung wesentlich ungenauer als die direkte Messung über eine Pumpsteuerung, jedoch war diese zum Versuchszeitpunkt defekt. Weiterhin wurde die Messstelle 1 virtuell auf 10 cm angehoben und fungierte zugleich als Brunnen, was dem eigentlichen Standardverfahren entgegenwirkt. Diese eher unüblichen Methoden beeinflussen die Aussagekraft der Ergebnisse. Auf die Bestimmung des Durchlässigkeitbeiwertes über das graphische Verfahren wurde verzichtet, da uns lediglich zwei Messstellen zur Verfügung standen und eine Gerdae nicht über ein weites Spektrum an Messstellen gezogen werden musste. Die Ergebnisse befinden sich insgesamt jedoch in einem glaubhaften Niveau.

4.2 – Schurfversickerung

Bei der Schurfversickerung wurde mit Hilfe eines selbst gegrabenen Schurfes die direkte Infiltration, von eingeschüttetem Wasser in den Boden, gegen die Zeit gemessen. Hierbei gilt die Tatsache, dass nicht bis zum gewachsenen Boden gegraben wurde, als erheblicher Fehlerfaktor. Der humose Oberboden ist in der Regel deutlich durchlässiger und aufgrund der geringen Mächtigkeit nicht repräsentativ für das Gesamtsystem. Die Seitenwände bilden zudem einen absorbierenden Faktor und sorgen für einen großen Randeffekt bei der Messung. Weiterhin wurde die Schaufel beim Zugeben von Wasser, in der Grube liegengelassen. Dadurch findet auf einem Teil der Grubengrundfläche eine geringere Infiltration des Wassers in den Boden statt. Der errechnete Durchlässigkeitsbeiwert von $2,41 * 10^{-4}\ m/s$ unterscheidet sich somit auch um eine Zehnerpotenz von dem $k_f - Wert$ aus dem Kurzpumpversuch. Dies spricht immer noch für einen durchlässigen Boden, jedoch wurde der Versuch, wie bereits erwähnt, im nicht repräsentativen Oberboden durchgeführt. Der Versuch lief des Weiteren ohne Probleme ab und es zeigt sich ein annähernd linearer Abfall des Pegels über die Versuchszeit.

4.3 – Doppelringinfiltrometer

Für diesen Versuch wurde ein Doppelring in den Boden geschlagen und der Abstand des Innenringpegels zur Ringoberkante gegen die Zeit gemessen. Auch bei diesem Versuch wurde direkt in den humosen Oberboden infiltriert und nicht in den gewachsenen Boden. Anders als beim Schurfversuch bleibt hier jedoch der Randeffekt aus, welches sich auch am errechneten $k_f - Wert$ von $2{,}45 * 10^{-5}\,m/s$ bemerkbar macht. Dadurch ähnelt der Wert sehr dem $k_f - Wert$ aus dem Kurzpumpversuch und spricht für einen durchlässigen Boden. Auch dieser Versuch lief ohne Probleme ab und ein fast linearer Verlauf, zwischen dem Abstand des Pegels zur Ringoberkante über die Zeit hinweg, zeichnet sich ab.

5. Anhang

Tabelle 5.1: Messwerte beim Pumpverfahren / *Quelle: Eigene Darstellung*

Ausgangsmessung	l/s	m³/h
Messung nach 1 Minute	0,55	1,98
Messung nach 5 Minuten	0,77	2,772
Messung nach 15 Minuten	0,83	2,988
Abschlussmessung, 1:16h nach der vorangegangenen		

Messung	Wasserspiegel Tiefe in [m]	Auslitern von 10l; Mittelwert in [s]	Pumpleistung / Frequenz
0	1,13		
1	1,25		
2	1,37		
3	1,45		
4	1,52		
5	1,58		
6	1,62		
7	1,65		
8	1,68	18,09	25
9	1,73		
10	1,80		
11	1,86		
12	1,91		
13	1,95		
14	1,98		
15	2,02	12,93	40
16	2,07		
17	2,13		
18	2,16		
19	2,19		
20	2,20		
21	2,22		
22	2,23		
23	2,25		
24	2,26		
25	2,27		
26	2,28		
27	2,29		
28	2,30		
29	2,30		
30	2,31		
31	2,34		

32	2,37		
33	2,39		
34	2,40		
35	2,42		
36	2,43		
37	2,44		
38	2,46		
39	2,53	12,05	50
Versuchsdauer	2:47h		

Tabelle 5.2: Messwerte nach dem Abschalten der Pumpe / *Quelle: Eigene Darstellung*

Ausgangsmessung 1 Min. nach Abschaltung
Messung nach jeder Minute
Messung alle 5 Minuten
Letzte Messung

Messung	Wasserspiegel Tiefe in [m]	
1	2,49	
2	2,38	
3	2,27	
4	2,18	
5	2,10	
6	2,03	
7	1,97	
8	1,92	
9	1,87	
10	1,83	
11	1,81	
12	1,78	
13	1,76	
14	1,65	<--Fehler d. Lichtlotes; ggf. Werte ignorieren
15	1,63	<--Fehler d. Lichtlotes; ggf. Werte ignorieren
16	1,61	<--Fehler d. Lichtlotes; ggf. Werte ignorieren
17	1,69	<--Werte sind glaubhaft
18	1,67	<--Werte sind glaubhaft
19	1,66	<--Einsatz eines neuen Lichtlotes
20	1,64	
21	1,63	
22	1,62	
23	1,61	
24	1,60	
25	1,59	
26	1,58	

27		1,57
28		1,57
29		1,56
30		1,55
31		1,54
32		1,51
33		1,49
34		1,46
35		1,44
36		1,42
Versuchsdauer	55 Minuten	

Tabelle 5.3: Schurfversickerung Messergebnisse / *Quelle: Eigene Darstellung*

Ausgangsmessung
Messungen alle 30 Sekunden
Messungen nach jeder Minute
Letzte Messung

Messung Nr.	Messung in [cm]
0	17,0
1	16,5
2	16,3
3	16,1
4	15,9
5	15,7
6	15,6
7	15,4
8	15,3
9	15,0
10	14,7
11	14,3
12	14,0
13	13,7
14	13,4
15	13,0
16	12,7
17	12,5
18	12,1
19	11,8
20	11,5
21	11,1
22	10,9

23	10,7
24	10,5
25	10,2
Versuchsdauer	20 Minuten

Tabelle 5.4: Messergebnisse der Doppelringversickerung / *Quelle: Eigene Darstellung*

Ausgangsmessung
Messungen alle 30 Sekunden
Abschlussmessung 9 .5 Min. nach der vorangegangenen

Messung Nr.	Messung in [cm]	Versuchszeit [in s]
0	2,5	0
1	2,8	30
2	3,1	60
3	3,4	90
4	3,7	120
5	3,9	150
6	4,2	180
7	4,5	210
8	4,7	240
9	5,0	270
10	5,2	300
11	5,4	330
12	5,7	360
13	5,9	390
14	6,1	420
15	6,3	450
16	6,6	480
17	6,8	510
18	7,0	540
19	7,2	570
20	7,4	600
21	7,7	630
22	10,1	1200
Versuchsdauer	20 Minuten	

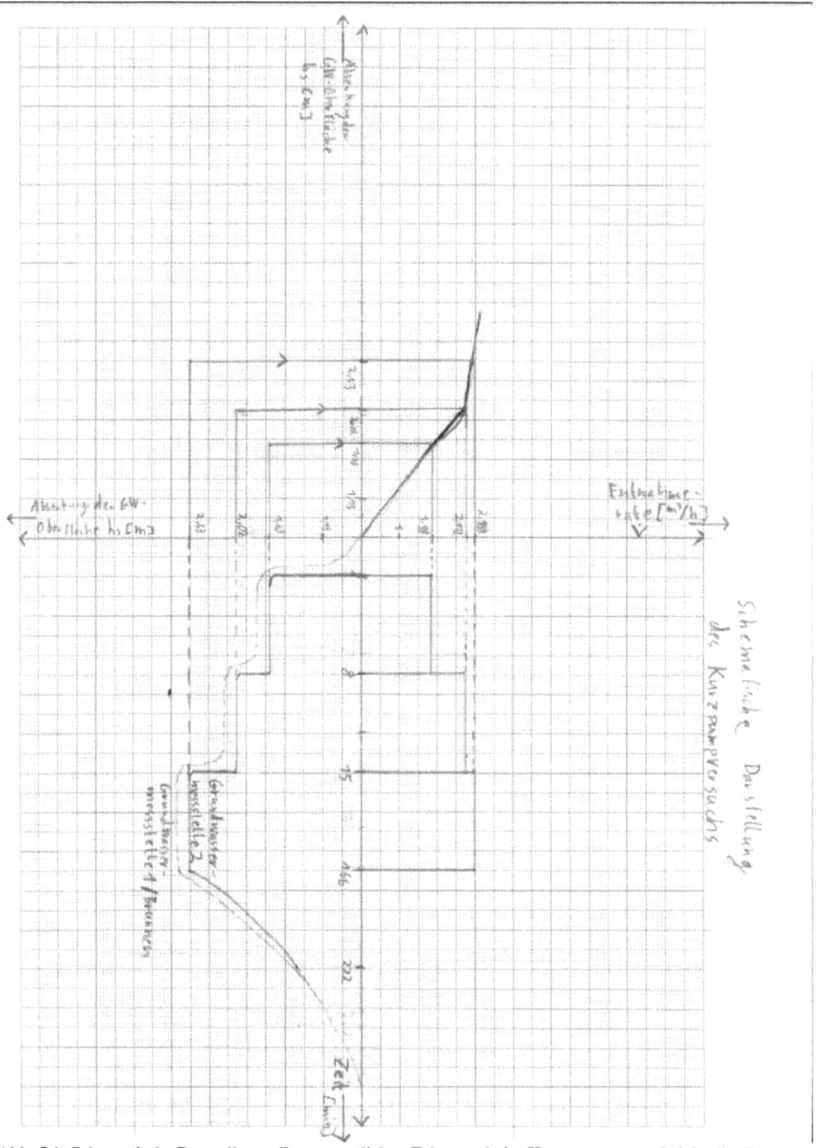

Abb. 5.1: Schematische Darstellung aller wesentlichen Faktoren beim Kurzpumpversuch / *Quelle: Eigene Darstellung*

6. Abbildungsverzeichnis

1.) Abb. 1.1: Übersicht des Versuchsgebietes / *Quelle: www.openstreetmap.org (Eigene Darstellung und Bearbeitung)*............1

2.) Abb. 2.1: Schürfgrube / *Quelle: Eigene Aufnahme*...4

3.) Abb. 3.1: Verlauf der Abstichswerte gegen die Zeit / *Quelle: Eigene Darstellung*.......................7

4.) Abb. 3.2: Verlauf des Wasserstandes in der Schürfgrube gegen die Zeit / *Quelle: Eigene Darstellung*..9

5.) Abb. 3.3: Pegelverlauf beim Doppelringinfiltrometer / *Quelle: Eigene Darstellung*.................10

6.) Abb. 5.1: Schematische Darstellung aller wesentlichen Faktoren beim Kurzpumpversuch / *Quelle: Eigene Darstellung*...16

7. Tabellenverzeichnis

1.) Tabelle 2.1: Vor Versuchsbeginn erhobene Parameter zur Versuchsauswertung / *Quelle: Eigene Darstellung*...2

2.) Tabelle 5.1: Messwerte beim Pumpverfahren / *Quelle: Eigene Darstellung*..........................12-13

3.) Tabelle 5.2: Messwerte nach dem Abschalten der Pumpe / *Quelle: Eigene Darstellung*..........13-14

4.) Tabelle 5.3: Schurfversickerung Messergebnisse / *Quelle: Eigene Darstellung*....................14-15

5.) Tabelle 5.4: Messergebnisse der Doppelringversickerung / *Quelle: Eigene Darstellung*............15